Cooking Master's Private Cookbook Series

烹饪大师
私房食谱书系

（精品版）

★ ★ ★ ★ ★

经典美味小炒
100 道

邱克洪 主编

黑龙江科学技术出版社
HEILONGJIANG SCIENCE AND TECHNOLOGY PRESS

图书在版编目（ＣＩＰ）数据

经典美味小炒100道 / 邱克洪主编. —— 哈尔滨：黑
龙江科学技术出版社，2020.5
　ISBN 978-7-5719-0371-8

　Ⅰ.①经… Ⅱ.①邱… Ⅲ.①炒菜－菜谱 Ⅳ.
①TS972.12

　中国版本图书馆CIP数据核字(2020)第016549号

经典美味小炒 100 道
JINGDIAN MEIWEI XIAOCHAO 100 DAO

主　　编　邱克洪
出 版 人　侯　擘
策划编辑　深圳·弘艺文化　HONGYI CULTURE
封面设计
责任编辑　马远洋
出　　版　黑龙江科学技术出版社
地　　址　哈尔滨市南岗区公安街 70-2 号
邮　　编　150007
电　　话　（0451）53642106
传　　真　（0451）53642143
网　　址　www.lkcbs.cn
发　　行　全国新华书店
印　　刷　雅迪云印（天津）科技有限公司
开　　本　710mm×1000mm　1/16
印　　张　12
字　　数　200 千字
版　　次　2020 年 5 月第 1 版
印　　次　2020 年 5 月第 1 次印刷
书　　号　ISBN 978-7-5719-0371-8
定　　价　39.80 元

目录 C O N T E N T S

No.1 / 葱香牛柳................001

No.2 / 干锅牦牛肉 002

No.3 / 小炒黄牛肉............005

No.4 / 乱刀牛肉................006

No.5 / 飘香草原牛肉........008

No.6 / 麻婆牛肉豆腐........010

No.7 / 杨桃炒牛肉 012

No.8 / 豌豆炒牛肉粒........013

No.9 / 风味小炒羊 014

No.10 / 宫保鸡丁................016

No.11 / 烧椒口味乌鸡.........018

No.12 / 记忆青椒鸡 020

No.13 / 青椒黄喉鸡 022

No.14 / 干煸鸡翅................024

No.15 / 鸡胸肉炒西蓝花......027

No.16 / 胡萝卜鸡肉茄丁......028

No.17 / 鸭肉炒菌菇 029

No.18 / 滑炒鸭丝 030

No.19 / 茶树菇炒鸭丝 032

No.20 / 葱香腰花 034

No.21 / 干锅排骨 036

No.22 / 人参炒腰花 038

No.23 / 巧手猪肝 040

No.24 / 毛氏红烧肉 042

No.25 / 农家小炒肉 044

No.26 / 茶树菇炒老腊肉 047

No.27 / 白辣椒烧风吹肉 048

No.28 / 干豇豆回锅肉 050

No.29 / 香辣巴骨肉 052

No.30 / 香干豆豉炒肉 054

No.31 / 记忆山椒口口脆 057

No.32 / 石板笋干肉 058

No.33 / 粉丝包菜炒五花肉...060

No.34 ／ 功夫霸王辣双脆 062

No.35 ／ 招牌口口脆 064

No.36 ／ 黄豆芽木耳炒肉 066

No.37 ／ 青椒炒猪血 068

No.38 ／ 瘦肉炒紫甘蓝 070

No.39 ／ 尖椒腊猪嘴 071

No.40 ／ 腊肉原味笋尖 073

No.41 ／ 腊味腰豆 074

No.42 ／ 酱香鸭舌 076

No.43 ／ 青豆鸽胗 079

No.44 ／ 西蓝花炒虾仁 080

No.45 ／ 海带虾仁炒鸡蛋 082

No.46 ／ 干锅虾 084

No.47 ／ 宫保大明虾 086

No.48 ／ 白灼基围虾 088

No.49 ／ 椒盐基围虾 090

No.50 ／ 糊辣脆虾 093

No.51 / 绿豆芽炒鳝丝..........095

No.52 / XO 酱爆辽参..........096

No.53 / 冷吃鱼 098

No.54 / 干锅鱿鱼须...........100

No.55 / 洞庭片片田螺..........102

No.56 / 美味跳跳蛙...........105

No.57 / 辣炒花甲...............106

No.58 / 韭黄炒牡蛎...........108

No.59 / 菠萝炒鱼片...........110

No.60 / 芦笋腰果炒墨鱼......113

No.61 / 银耳枸杞炒鸡蛋......114

No.62 / 苦瓜炒鸡蛋...........117

No.63 / 口蘑炒火腿...........118

No.64 / 鸡蛋炒百合...........119

No.65 / 西红柿炒蛋...........120

No.66 / 青椒炒鸽子蛋..........123

No.67 / 山药木耳炒核桃仁...124

No.68 / 干锅酸菜土豆片......126

No.69 / 橄榄菜四季豆..........128

No.70 / 宫保杏鲍菇.............130

No.71 / 干锅有机花菜.........132

No.72 / 干锅茶树菇.............134

No.73 / 干锅千页豆腐..........136

No.74 / 干锅娃娃菜.............138

No.75 / 花仁菠菜................140

No.76 / 回锅厚皮菜.............142

No.77 / 清炒苦瓜................144

No.78 / 胡萝卜炒木耳..........146

No.79 / 秋葵炒蛋.................149

No.80 / 辣白菜....................150

No.81 / 西葫芦炒木耳..........152

No.82 / 松仁炒韭菜.............154

No.83 / 丝瓜炒山药 155

No.84 / 芹菜炒黄豆 156

No.85 / 莴笋炒百合 157

No.86 / 鸡胸肉马蹄炒饭 158

No.87 / 松仁丝瓜 160

No.88 / 鸡蛋松仁炒茼蒿 163

No.89 / 荷塘小炒 164

No.90 / 胡萝卜炒马蹄 166

No.91 / 玉米笋炒荷兰豆 169

No.92 / 清炒小油菜 170

No.93 / 丝瓜炒油条 172

No.94 / 茼蒿胡萝卜 173

No.95 / 胡萝卜香葱炒面 174

No.96 / 虾仁炒面 176

No.97 / 虾仁炒细粉 178

No.98 / 扬州炒饭 180

No.99 / 玉米鸡蛋炒饭 183

No.100 / 鸡肉炒饭 184

No.1

葱香牛柳

◉ 补脾胃、益气血、强筋骨 ◉

原料：
牛肉500克，洋葱100克，葱花30克，姜片30克

调料：
盐3克，生抽20毫升，料酒20毫升，辣椒油20毫升，生粉20克，食用油适量

做法：

❶ 洋葱切块；牛肉切条状，加少许盐、料酒、生粉拌匀腌制20分钟。

❷ 起油锅，放入洋葱，翻炒至熟软，加少许盐炒匀，盛出装入盘中。

❸ 另起油锅，放入姜片爆香，放入牛肉翻炒至转色，淋入料酒炒香。

❹ 放入生抽、辣椒油炒匀，盛出装入盘中，撒上葱花即可。

No.2

干锅牦牛肉

◉ 补中益气、强健筋骨 ◉

原料：
牦牛肉150克，尖红椒30克，芹菜30克，干辣椒段10克，姜片10克，八角、桂皮各5克，高汤500毫升

调料：
盐3克，味精8克，蚝油10毫升，辣椒酱10克，料酒10毫升，胡椒粉2克，辣椒油10毫升，糖10克，食用油适量

做法：

❶ 牦牛肉洗净，切片；尖红椒洗净，切圈；芹菜洗净，切段。

❷ 锅中放入适量油，烧至六成热，放牛肉炒到皮上起小泡，加八角、桂皮，加干辣椒段，烹入料酒，炒干水分，加入高汤，放入盐、味精、蚝油、辣椒酱调好味，放入糖调色，倒入高压锅烹制12分钟。

❸ 锅置旺火上，放入辣椒油，下姜片、红椒圈煸香，放入芹菜炒匀，将牛肉带汁一起下锅，收浓汤汁。

❹ 放入胡椒粉、盐调味，出锅即可。

No.3

小炒黄牛肉

◎ 强壮筋骨、益气养血 ◎

原料:
黄牛肉200克,土豆100克,红尖椒100克,香菜、蒜片、姜片各10克,

调料:
十三香3克,酱油10毫升,淀粉5克,小苏打3克,料酒4毫升,蚝油10毫升,盐3克,鸡精3克,食用油适量

做法:

❶ 将黄牛肉洗净,切成薄片,在牛肉中加入淀粉、小苏打、盐、料酒、食用油拌匀,腌制15分钟;土豆切小块;红尖椒洗净,切细圈;香菜切段。

❷ 锅中注油,倒入土豆块,炸至表面金黄,捞出沥干油。

❸ 锅内留油,放入食用油,放入牛肉片炒变色,捞出沥干油。

❹ 另起油锅,放入蒜片、姜片炒香后,再放入青、红椒圈、香菜炒香。

❺ 将土豆、牛肉倒入锅中,翻炒匀,加十三香、酱油、蚝油、鸡精、盐炒匀即可盛出。

No.4

乱刀牛肉

◎ 补脾胃、益气血、强筋骨 ◎

做法：

❶ 酸豆角洗净，切段；青椒切圈；朝天椒切圈；芹菜切段；牛肉切碎。

❷ 牛肉加少许生抽、料酒、老抽、水淀粉，拌匀腌制30分钟。

❸ 起油锅，放入大蒜、姜片爆香，倒入牛肉翻炒至转色，淋入料酒炒香。

❹ 倒入酸豆角、青椒、朝天椒、芹菜炒匀炒熟，加盐、生抽，炒匀调味。

❺ 盛出装盘即可。

原料：

牛肉200克，酸豆角100克，大蒜50克，朝天椒5个，青椒50克，芹菜30克，姜片20克

调料：

盐2克，生抽10毫升，料酒10毫升，老抽5毫升，水淀粉、食用油各适量

No.5

飘香草原牛肉

◎ **强健筋骨** ◎

原料：
草原牛肉300克，青椒20克，红椒20克，洋葱20克，姜片、蒜末各适量

调料：
盐2克，生抽5毫升，鸡粉2克，蚝油5毫升，辣椒油5毫升，淀粉、水淀粉、食用油各适量

做法：

❶ 将去皮洗净的洋葱切瓣，再切成片；红椒、青椒切块；洗净的牛肉切片，加少许淀粉、生抽、盐，用筷子拌匀，再加入水淀粉拌匀，淋入少许食用油，腌制10分钟至入味。

❷ 锅中注入1000毫升清水烧开，倒入牛肉，搅散，汆至断生，捞出。

❸ 锅中注油，烧至五成热，倒入牛肉，滑油约1分钟，捞出备用；锅留底油，倒入姜片、蒜末爆香，倒入洋葱、青椒、红椒片炒约半分钟。

❹ 倒入牛肉，加入盐、鸡粉、蚝油，拌炒匀，使牛肉入味，加入辣椒油炒匀即可。

No.6

麻婆牛肉豆腐

◎ 补中益气、滋养脾胃 ◎

原料：
牛肉（肥瘦）50克，老豆腐200克，蒜叶25克

调料：
酱油10毫升，盐3克，花椒粉2克，豆豉5克，红辣椒油5毫升，香油5毫升，淀粉适量

做法：

① 将牛肉洗净，剁成肉末备用；将老豆腐放在开水中煮2分钟，捞出沥干水分，切块；蒜叶洗净，切段。

② 锅内倒入红辣椒油，用旺火烧热。

③ 将牛肉末、花椒粉、酱油、豆豉放入翻炒，再放入老豆腐翻炒，加入适量清水，文火焖片刻。

④ 待汤水变少，将淀粉放入锅中，再放入蒜叶翻炒。

⑤ 撒上花椒粉、盐，淋香油拌匀即可。

No.7

杨桃炒牛肉

◎ 强健筋骨 ◎

原料：
牛肉130克，杨桃120克，彩椒50克，姜片、蒜片、葱段各少许

调料：
盐3克，鸡粉2克，食粉、白糖各少许，蚝油6克，料酒4毫升，生抽10毫升，水淀粉、食用油各适量

做法：

❶ 洗净的彩椒切条，再切成小块；洗净的杨桃切片；洗好的牛肉切成片，装入碗中，淋入生抽，撒上少许食粉，加入适量盐、鸡粉，搅拌匀，再淋入适量水淀粉，拌匀上浆，腌制约10分钟，至其入味。

❷ 锅中注入适量清水烧开，倒入腌好的牛肉，搅拌匀，用大火汆煮至其变色后捞出，沥干水分，装入碗中，待用。

❸ 用油起锅，倒入姜片、蒜片、葱段，爆香，倒入汆过水的牛肉片，炒匀，淋入料酒，炒匀提味，倒入杨桃片，撒上彩椒，用大火快炒至食材熟软，转小火，淋上生抽，放入蚝油，再加入少许盐、鸡粉、白糖，炒匀调味。

❹ 倒入适量水淀粉，快速翻炒均匀。

❺ 关火后盛出炒好的菜肴，装入盘中即可。

No.8

豌豆炒牛肉粒

◎ 补中益气、滋养脾胃 ◎

原料：
牛肉260克，彩椒20克，豌豆300克，姜片少许

调料：
盐2克，鸡粉2克，料酒3毫升，食粉2克，水淀粉10毫升，食用油适量

做法：

❶ 将洗净的彩椒切成条形，改切成丁；洗好的牛肉切成片，再切成条形，改切成粒。

❷ 将牛肉粒装入碗中，加入适量盐、料酒、食粉、水淀粉，拌匀，淋入少许食用油，拌匀，腌制15分钟，至其入味。

❸ 锅中注入适量清水烧开，倒入洗好的豌豆，加入少许盐、食用油，拌匀，煮1分钟，倒入彩椒，拌匀，煮至断生，捞出焯煮好的食材，沥干水分，待用。

❹ 热锅注油，烧至四成热，倒入腌好的牛肉，拌匀，捞出牛肉，沥干油，待用。

❺ 用油起锅，放入姜片，爆香，倒入牛肉，炒匀，淋入适量料酒，炒香，倒入焯好的食材，炒匀，加入少许盐、鸡粉、料酒、水淀粉，翻炒均匀。

❻ 关火后盛出炒好的菜肴即可。

No.9

风味小炒羊

◎ **温中健脾、补肾壮阳** ◎

原料：
羊肉300克，芹菜100克，朝天椒30克，姜片20克

调料：
盐3克，生抽15毫升，料酒20毫升，老抽5毫升，水淀粉10毫升，食用油适量

做法：

❶ 芹菜洗净，切段；朝天椒洗净，切圈；羊肉洗净，切片。

❷ 羊肉加生抽、老抽，少许料酒，拌匀，腌制20分钟。

❸ 起油锅，放入姜片爆香，倒入羊肉，翻炒至转色。

❹ 淋入料酒，炒香，倒入芹菜、朝天椒，炒匀，放盐，炒匀调味。

❺ 倒入水淀粉，炒匀勾芡，盛出即可。

No.10

宫保鸡丁

◎ 温中益气、健脾胃 ◎

做法：

❶ 将鸡胸肉用刀背拍一下，切成小丁，加入适量料酒、食用油、白胡椒、盐、水淀粉腌制10分钟。

❷ 将黄瓜洗净去皮，切丁；干辣椒洗净，切段。

❸ 在小碗中调入酱油、香醋、盐、姜汁、白糖和料酒，混合均匀制成调味汁。

❹ 锅中注油烧热，放入花椒、干辣椒，用小火煸炒出香味，放入葱段、姜片。

❺ 放入鸡丁，放入料酒，将鸡丁滑炒至变色，放入黄瓜丁，翻炒。

❻ 调入调味汁，放入熟花生米，翻炒均匀，用水淀粉勾芡即成。

原料：

鸡胸肉225克，黄瓜50克，熟花生米50克，干辣椒8克，花椒2克，葱段45克，姜片10克

调料：

盐3克，料酒3毫升，白胡椒1克，酱油6毫升，白糖10克，香醋7毫升，水淀粉、姜汁、食用油各适量

No.11

烧椒口味乌鸡

◎ **补肝益肾、健脾止泻** ◎

原料：

乌鸡300克，青辣椒30克，红辣椒10克，花椒5克

调料：

盐4克，生抽3毫升，食用油适量

做法:

❶ 乌鸡洗净斩成块,入开水锅中汆水,捞出。

❷ 青辣椒洗净切条,红辣椒洗净切圈。

❸ 油锅烧热,倒入青辣椒、红辣椒、花椒,翻炒至断生。

❹ 撒入盐、生抽,炒均匀,倒入鸡块,翻炒片刻。

❺ 加入适量水,盖上锅盖焖煮至收汁,盛出即可。

No.**12**

记忆青椒鸡

◎ **增强免疫力** ◎

原料:
青椒50克,鸡肉300克,姜片、蒜末各若干

调料:
盐2克,鸡粉2克,生抽5毫升,老抽2毫升,食用油适量

做法：

① 洗净的青椒切成小段；鸡肉切成小块。

② 热锅注油，倒入姜片、蒜末爆香，倒入鸡肉块翻炒。

③ 加入盐后不停翻炒至熟。

④ 加入生抽、老抽，翻炒。

⑤ 倒入青椒，加入鸡粉继续翻炒。

⑥ 关火，将炒好的菜肴盛入盘中即可。

No.13

青椒黄喉鸡

◎ **增强体质** ◎

原料：
鸡肉300克，猪黄喉200克，
青椒100克，小红椒50克

调料：
盐3克，料酒10毫升，胡椒
粉3克，香油10毫升，青花
椒油10毫升，食用油适量

做法：

❶ 鸡肉拆去骨并斩成小块，青椒洗净切圈，小红椒洗净切圈，猪黄喉切上花刀。

❷ 锅里放入食用油烧至七成热时，倒入鸡块煸炒至熟透。

❸ 加入猪黄喉、青椒、小红椒翻炒，其间加入盐、料酒、胡椒粉、香油和青花椒油调好味。

❹ 倒入适量水，煮至沸腾，关火，出锅即可。

No.14

干煸鸡翅

◎ **开胃消食、强身健体** ◎

做法：

❶ 青椒洗净，切块；干辣椒洗净，切段；葱洗净，切段；生姜洗净，切丝。

❷ 鸡翅根洗净，放入蜂蜜、生抽，加入适量盐，提前腌两个小时。

❸ 锅里放油烧热，将鸡翅放到锅里，用小火炸成金黄色，炸好后捞出来控净油，把青椒也放到锅里炸一下，捞出。

❹ 锅内留底油，放入花椒粒炸出香味，放入姜丝翻炒，放入干辣椒段、熟花生米翻炒几下。

❺ 放入炸好的鸡翅和青椒翻炒均匀，加入豆瓣酱、盐炒匀，出锅放上葱段即可。

原料：

鸡翅根200克，青椒10克，干辣椒10克，花椒、熟花生米各适量，葱5克，生姜5克

调料：

盐4克，豆瓣酱5克，生抽3毫升，蜂蜜3克，食用油适量

No.15

鸡胸肉炒西蓝花

◎ **增强免疫力** ◎

原料：

西蓝花100克，鸡胸肉200克，蒜末适量

调料：

盐2克，鸡粉2克，水淀粉、食用油各适量

做法：

❶ 西蓝花切小朵。

❷ 鸡胸肉切块。

❸ 热锅注油，倒入蒜末爆香。

❹ 倒入鸡胸肉炒至变白色。

❺ 倒入西蓝花炒匀，加入盐、鸡粉炒匀入味。

❻ 加入适量清水煮沸，用水淀粉勾芡。

❼ 关火后，将炒好的食材盛入盘中即可。

No.16

胡萝卜鸡肉茄丁

◉ **延缓衰老、降低胆固醇含量** ◉

原料：
去皮茄子100克，鸡胸肉200克，去皮胡萝卜95克，蒜片、葱段各少许

调料：
盐、白糖各2克，胡椒粉3克，蚝油5克，生抽、水淀粉各5毫升，料酒10毫升，食用油适量

做法：

❶ 洗净去皮的茄子切丁；洗净去皮的胡萝卜切丁；洗净的鸡胸肉切丁装碗，加入少许盐、料酒、水淀粉、食用油拌匀，腌制入味。

❷ 用油起锅，倒入腌好的鸡肉丁翻炒2分钟至转色，盛出鸡肉丁装盘待用。

❸ 另起锅注油，倒入胡萝卜丁炒匀，放入葱段、蒜片，炒香，倒入茄子丁炒约1分钟至食材微熟，加入料酒，注入适量清水搅匀，加入盐搅匀，用大火焖5分钟至食材熟软，揭盖，倒入鸡肉丁，加入蚝油、胡椒粉、生抽、白糖，炒1分钟至入味，关火后盛出即可。

No.17

鸭肉炒菌菇

◎ **调节新陈代谢、增强免疫力** ◎

原料：
鸭肉170克，白玉菇100克，香菇60克，彩椒、圆椒各30克，姜片、蒜片各少许

调料：
盐3克，生抽2毫升，料酒4毫升，水淀粉5毫升，食用油适量

做法：

❶ 洗净的香菇去蒂，再切片；洗好的白玉菇切去根部；洗净的彩椒切粗丝；洗好的圆椒切粗丝；处理好的鸭肉切条放入碗中，加少许盐、生抽、料酒、水淀粉拌匀，倒入食用油，腌10分钟，至其入味。

❷ 锅中注水烧开，倒入香菇拌匀，煮约半分钟，放入白玉菇拌匀，略煮，放入彩椒、圆椒，加少许食用油，煮至断生，捞出焯煮好的食材，沥水备用。

❸ 用油起锅，放入姜片、蒜片，爆香，倒入腌好的鸭肉炒至变色，放入焯好的食材炒匀。

No.18

滑炒鸭丝

◉ **养胃生津、清热健脾** ◉

原料：
鸭肉160克，彩椒60克，香菜梗、姜末、蒜末、葱段各少许

调料：
盐3克，鸡粉1克，生抽4毫升，料酒4毫升，水淀粉、食用油各适量

做法：

❶ 将洗净的彩椒切成条；洗好的香菜梗切段；将洗净的鸭肉切片，再切成丝，将鸭肉丝装入碗中，倒入少许生抽、料酒，再加入少许盐、鸡粉、水淀粉，抓匀，注入适量食用油，腌10分钟至入味。

❷ 用油起锅，下入蒜末、姜末、葱段，爆香，放入鸭肉丝，加入适量料酒，炒香，再倒入适量生抽，炒匀。

❸ 下入切好的彩椒，拌炒匀，放入适量盐、鸡粉，炒匀，倒入适量水淀粉勾芡，放入香菜段，炒匀。

❹ 将炒好的菜盛出，装入盘中即可。

No.19

茶树菇炒鸭丝

◎ **开胃消食、增强免疫力** ◎

原料：
茶树菇100克，鸭肉150克，青椒、红椒各适量

调料：
盐、味精各3克，料酒、酱油、香油各10毫升，食用油适量

做法：

❶ 鸭肉洗净，切丝，加盐、料酒、酱油腌制；茶树菇泡发，洗净，切去老根；青椒、红椒均洗净，切丝。

❷ 油锅烧热，下鸭肉煸炒，再入茶树菇翻炒。

❸ 放入青椒、红椒，翻炒至熟。

❹ 出锅前调入味精炒匀，淋入香油即可。

No.20

葱香腰花

◎ 补肾气、通膀胱、消积滞 ◎

原料：
猪腰2具，洋葱100克，葱花
30克，姜片30克

调料：
盐3克，生抽20毫升，料酒20
毫升，辣椒油20毫升，生粉
20克，食用油适量

做法：

❶ 洋葱切块；猪腰切腰花，加少许盐、料酒、生粉，拌匀腌制20分钟。

❷ 起油锅，放入洋葱，翻炒至熟软，加少许盐炒匀，盛出装入盘中。

❸ 另起油锅，放入姜片爆香；放入腰花，翻炒至转色，淋入少许料酒炒香。

❹ 放入生抽、辣椒油炒匀，盛出装入盘中，撒上葱花即可。

No.21

干锅排骨

滋阴壮阳、益精补血 ◎

原料：

排骨500克，土豆100克，芹菜、红椒、青椒、洋葱各50克，姜片20克，干辣椒、花椒各适量

调料：

盐3克，生抽、料酒各15毫升，老抽5毫升，辣椒油20毫升，生粉20克，食用油适量

做法:

① 土豆去皮洗净，切条；芹菜洗净切段；红、青椒洗净切块；洋葱洗净切块；排骨洗净切小块。

② 排骨加少许盐、料酒、生粉拌匀，腌制20分钟。

③ 锅中加适量油，烧至五成热，放入排骨，拌匀，炸约3分钟捞出。

④ 锅留底油，放入姜片、花椒、干辣椒、土豆、芹菜、红椒、青椒、洋葱，翻炒，炒至熟软。

⑤ 加入排骨，淋入料酒炒香，放入生抽、老抽、辣椒油，炒匀，盛出装入干锅里即可。

No.22

人参炒腰花

◉ **健肾补腰、和肾理气、止消渴** ◉

原料:
猪腰300克,人参40克,姜片、葱段各少许

调料:
盐、鸡粉各2克,料酒4毫升,生粉5克,生抽4毫升,水淀粉10毫升,食用油适量

做法：

❶ 洗好的人参切段；洗净的猪腰切开，去除筋膜，切上花刀，再切片，把猪腰片装入碗中，加入鸡粉、盐、料酒，撒上少许生粉拌匀，腌制约10分钟至其入味备用。

❷ 锅中注水烧开，倒入猪腰拌匀，煮约半分钟，捞出猪腰，沥水待用。

❸ 用油起锅，倒入姜片、葱段爆香，倒入人参炒匀，放入余过水的猪腰，加入料酒、生抽，加鸡粉、盐，炒匀调味，用水淀粉勾芡，关火后盛出炒好的菜肴即可。

No.23

巧手猪肝

◎ **开胃、补血** ◎

做法：

❶ 将洗净的芹菜切成段；将处理干净的猪肝切片，装入盘中，猪肝中加入料酒、盐、鸡粉、水淀粉，拌匀。

❷ 热锅注油，烧热，倒入猪肝炒匀，倒入芹菜、姜片、蒜末、红椒、青椒炒匀，加入盐、鸡粉、香油炒匀入味，最后用水淀粉勾芡收汁。

❸ 关火，将炒好的猪肝盛入盘中即可。

原料：

猪肝200克，芹菜50克，红椒
20克，青椒50克，姜片、蒜末
各适量

调料：

盐2克，鸡粉2克，料酒5毫
升，香油5毫升，水淀粉、食
用油各适量

No.24

毛氏红烧肉

◎ **增强免疫力** ◎

做法：

❶ 锅中注水，放入洗净的五花肉，盖上盖，大火煮5分钟去除血水，揭盖，捞出，将五花肉切成3厘米的方块，修平整；洗净的西蓝花切成朵，放入沸水中煮至断生捞出待用。

❷ 炒锅注油烧热，加入适量白糖，炒至溶化，入八角、桂皮、草果、姜片爆香，再倒入蒜片，炒匀，入五花肉块，炒片刻。

❸ 加入少许料酒，倒入豆瓣酱炒匀，加盐、鸡粉、老抽炒匀入味，加入少许白酒，盖上盖，小火焖40分钟至熟软。

❹ 揭盖，转大火，炒片刻后关火，将部分西蓝花摆入盘内，摆放上红烧肉即可。

原料：

五花肉300克，西蓝花100克，大蒜若干，八角3个，桂皮1片，草果2个，姜片适量

调料：

白糖适量，盐4克，鸡粉3克，料酒8毫升，豆瓣酱10克，老抽5毫升，白酒、食用油各适量

No.25

农家小炒肉

◎ **增强免疫力** ◎

原料：
五花肉300克，青椒100克，姜片、蒜末各适量

调料：
盐3克，鸡粉3克，老抽4毫升，料酒5毫升，豆瓣酱5克，水淀粉、食用油各适量

做法：

❶ 五花肉切块；青椒斜切块。

❷ 热锅注油，倒入五花肉，炒约1分钟至出油，加入少许老抽、料酒，炒香，倒姜片、蒜末炒约1分钟，加入适量豆瓣酱，翻炒匀。

❸ 倒入青椒炒匀，加入盐、鸡粉，炒匀调味，注入适量水煮沸后，加入少许水淀粉收汁。

❹ 关火后，将炒好的食材盛入盘中即可。

No.26

茶树菇炒老腊肉

◎ **开胃消食、健脾** ◎

原料：
腊肉100克，茶树菇50克，青椒20
克，干辣椒10克，姜片适量

调料：
鸡粉5克，胡椒粉5克，糖5克，生
抽、料酒、食用油各适量

做法：

❶ 腊肉洗净，切成薄片；茶树菇洗净，切去根部；青椒洗净，斜切成段；干
辣椒切圈。

❷ 锅中注油，烧至六成热时，放入姜片爆香，放入切好的青椒、干辣椒炒匀。

❸ 放入腊肉片，大火爆炒片刻。

❹ 倒入茶树菇，调入生抽和料酒，翻炒均匀。

❺ 锅中加入少许清水，中火炒5分钟，加入鸡粉、胡椒粉、糖炒匀，盛入盘中
即可。

No.27

白辣椒烧风吹肉

◎ **开胃祛寒、消食** ◎

做法:

❶ 白辣椒洗净切块；青椒切段；朝天椒切圈；腊肉
洗净切片。

❷ 起油锅，放入腊肉炒出油，放入蒜末炒香。

❸ 放入白辣椒、青椒、朝天椒，炒至熟软。

❹ 放盐，炒匀调味，盛出装盘即可。

原料:
腊肉400克，白辣椒100克，
青椒30克，朝天椒3个，蒜末
少许
调料:
盐2克，食用油适量

No.28

干豇豆回锅肉

◎ **补虚强身，滋阴润燥** ◎

原料：
五花肉500克，干豇豆80克，
蒜苗100克

调料：
盐2克，生抽10毫升，料酒15
毫升，辣椒油20毫升、食用油
适量

做法：

❶ 蒜苗洗净切段；干豇豆泡发挤干水分，切段。

❷ 五花肉放入凉水锅中，煮开，中小火煮25分钟至熟透捞出，再切成片。

❸ 起油锅，将五花肉放入锅中，炒出油，炒至两面焦黄，淋入料酒炒香。

❹ 加盐、生抽、辣椒油、干豇豆炒匀，加少许清水炒匀焖3分钟。

❺ 盛出装盘即可。

No.29

香辣巴骨肉

◎ 强健筋骨、补中益气 ◎

做法：

❶ 将排骨洗净，斩块，入高压锅上气后压10分钟关火取出。

❷ 青辣椒、干辣椒洗净，切圈。

❸ 热锅下油，烧至八成热，下蒜段、姜片、豆豉炒香。

❹ 放入青辣椒、干辣椒，炒匀。

❺ 放入排骨，加入料酒，大火翻炒至肉略显金黄色，放入老抽、盐、白糖，充分翻炒，盛出时放入熟花生米即可。

原料：
猪肋排500克，青辣椒50克，干辣椒30克，熟花生米、蒜段、姜片各适量

调料：
盐4克，老抽4毫升，白糖3克，豆豉10克，料酒、食用油各适量

No.30

香干豆豉炒肉

◎ **增强免疫力** ◎

原料：

猪肉300克，香干50克，豆豉10克，红椒20克，蒜苗20克，姜片、葱段、蒜末各适量

调料：

盐3克，鸡粉3克，老抽4毫升，豆瓣酱5克，水淀粉适量，料酒、食用油各适量

做法：

❶ 洗净的红椒切小块；猪肉切块；香干切块。

❷ 热锅注油，倒入五花肉，炒1分钟至出油，加入少许老抽、料酒，炒香，倒豆豉、姜片、蒜末、葱段，炒1分钟，加入适量豆瓣酱，翻炒匀，倒入香干、红椒、蒜苗，炒匀，加入盐、鸡粉，炒匀调味，注入适量水煮沸后，加入少许水淀粉收汁。

❸ 关火后，将炒好的食材盛入盘中即可。

No.31

记忆山椒口口脆

◎ **清热解毒** ◎

原料：
肥肠400克，姜丝、蒜末、香菜、葱白各若干，青椒20克，红椒20克，山椒20克

调料：
盐3克，鸡粉3克，辣椒酱、辣椒油各适量，老抽3毫升，生抽5毫升，料酒10毫升，水淀粉若干，食用油适量

做法：

❶ 将洗净的青椒、红椒切圈；洗净的肥肠切成小块。

❷ 锅中倒入油，烧至五成热，倒入姜丝、蒜末、葱白爆香，倒入肥肠炒1分钟至熟，加入老抽、生抽、料酒，炒至入味，倒入青椒、红椒、山椒，淋入辣椒酱、辣椒油，加盐、鸡粉，炒片刻至入味。

❸ 加入少许水淀粉勾芡，翻炒均匀，盛入盘中，撒上香菜即可。

No.32

石板笋干肉

◎ 清热、消痰、镇静 ◎

原料:
腊肉100克,竹笋200克,朝天椒3个,姜片20克,蒜苗少许

调料:
盐2克,鸡粉3克,料酒20毫升,黄豆酱20克,食用油适量

做法：

① 竹笋切片；蒜苗洗净，切段；朝天椒切圈；腊肉洗净，切片。

② 起油锅，放入姜片爆香，倒入腊肉，炒出油，淋入料酒炒香。

③ 倒入竹笋，炒匀，放入黄豆酱，炒匀，倒入蒜苗，炒匀。

④ 放盐、鸡粉，炒匀调味，盛出装盘即可。

No.33

粉丝包菜炒五花肉

◎ **开胃消食、抗衰老** ◎

做法：

❶ 包菜洗净切细丝；粉丝泡软待用；蒜切片；五花肉洗净切片；干红辣椒切段。

❷ 炒锅放油烧热，下蒜片、干红椒段爆香，放入五花肉片炒熟。

❸ 放入包菜，炒到变软出水时，下粉条翻炒。

❹ 加老抽、盐调味，炒至粉条绵软入味即可起锅。

原料：
包菜150克，粉条70克，五花肉70克，蒜两瓣，干红辣椒4个

调料：
盐3克，老抽、食用油各适量

No.34

功夫霸王辣双脆

◎ **补肾益气、强腰** ◎

原料:

猪腰150克，鸡肾150克，干辣椒50克，姜片5克，葱花、香菜各适量

调料:

盐5克，味精6克，酱油、料酒各4毫升，米酒10克，豆瓣酱3克，胡椒粉3克，香油2毫升，水淀粉、食用油各适量

做法:

❶ 将鸡肾清洗干净；猪腰洗净，切长条块，剞十字花刀，再改切成3厘米长、2厘米宽的块；鸡肾、猪腰均用适量盐、葱花、姜片、米酒、水淀粉码味上浆。

❷ 碗中放入盐、味精、酱油、水淀粉，拌匀调成芡汁。

❸ 锅中注入适量油，烧至六成热，下猪腰、鸡肾滑油，至八成熟时，捞出沥干油。

❹ 锅内留底油，下入干辣椒、姜片、豆瓣酱炒香，放入猪腰、鸡肾，烹入料酒略炒，倒入芡汁翻炒均匀，撒胡椒粉、香油、盐，盛出放上葱花、香菜即可。

No.35

招牌口口脆

◎ 润燥补虚、润肠调血 ◎

做法:

❶ 将猪肠加适量盐、淀粉抓洗10分钟,再用温水冲洗5分钟,翻过来再用温水冲洗5分钟。

❷ 锅里放水,放入洗净的猪肠,放入花椒粒、适量料酒,煮开后改中火再煮25分钟,撇去泡沫,煮好后放凉,切小段。

❸ 青椒洗净切小段;小米椒洗净切圈;蒜苗切小段;蒜瓣拍碎。

❹ 锅里放油,下蒜瓣、蒜苗、姜丝炒出香味,放入青椒、小米椒炒匀,放入猪肠炒香,下酱油、豆瓣酱,加适量水,煮至食材熟,放盐,出锅放上香菜即可。

原料：

猪肠500克，青椒20克，小米椒20克，花椒粒10克，蒜瓣、蒜苗各5克，姜丝、香菜各适量

调料：

盐5克，淀粉5克，豆瓣酱3克，料酒5毫升，酱油4毫升，食用油适量

No.36

黄豆芽木耳炒肉

◎ **防动脉硬化、降血压** ◎

做法：

❶ 洗好的木耳切成小块；洗净的猪瘦肉切成片备用，把肉片装入碗中，加入少许盐、鸡粉、水淀粉拌匀腌制。

❷ 锅中注入适量清水烧开，加入适量盐，放入切好的木耳，淋入少许食用油煮半分钟，加入洗好的黄豆芽，再煮半分钟，将煮好的食材捞出，沥水备用。

❸ 用油起锅，倒入腌好的肉片，快速翻炒至变色，放入蒜末、葱段，翻炒出香味，倒入焯过水的木耳和黄豆芽，淋入料酒，炒匀，加入适量盐、鸡粉、蚝油，炒匀调味，倒入适量水淀粉，快速翻炒均匀，关火后盛出即可。

原料：
黄豆芽100克，猪瘦肉200克，水发木耳40克，蒜末、葱段各少许

调料：
盐4克，鸡粉2克，水淀粉8毫升，料酒10毫升，蚝油8毫升、食用油适量

No.37

青椒炒猪血

◎ 补血、补充维生素 C ◎

原料：
青椒80克，猪血300克，姜片、蒜末各适量

调料：
盐3克，鸡粉3克，辣椒酱5克，食用油、水淀粉各适量

做法：

① 青椒切块；猪血切成小方块。

② 锅中加约600毫升清水烧开，加入少许盐。

③ 往猪血中倒入烧开的热水，浸泡4分钟。

④ 将浸泡好的猪血捞出装入另一个碗中，加入少许盐拌匀。

⑤ 用油起锅，倒入姜片、蒜末炒香。

⑥ 加少许清水，加辣椒酱、盐、鸡粉炒匀。

⑦ 倒入猪血，煮2分钟至熟。

⑧ 倒入青椒，炒匀。

⑨ 加入水淀粉勾芡后将食材盛入碗中即可。

No.38

瘦肉炒紫甘蓝

◎ 提高机体免疫力 ◎

原料：
猪瘦肉50克，紫甘蓝100克，胡萝卜100克，西蓝花100克，葱花、蒜末各少许

调料：
生抽、蚝油、料酒、食用油各少许

做法：

❶ 猪瘦肉切粗丝；紫甘蓝切丝；胡萝卜切片；西蓝花切成小朵备用。

❷ 锅中加适量清水烧开，放入西蓝花焯至断生，捞出沥干水。

❸ 锅中加少许底油，放入猪肉丝，淋适量料酒炒香，放胡萝卜、西蓝花和紫甘蓝，加入蒜末、适量生抽翻炒至食材熟软，加少许蚝油、撒葱花翻炒均匀。

No.39

尖椒腊猪嘴

◎ 开胃 ◎

原料：

猪嘴100克，香干50克，朝天椒3个，蒜末、葱段各适量

调料：

盐3克，鸡粉3克，食用油适量

做法：

❶ 朝天椒切段；香干切片；猪嘴切小块。

❷ 热锅注油，倒入蒜末、葱段爆香，倒入猪嘴炒香，倒入朝天椒、香干，加入盐、鸡粉炒匀入味。

❸ 关火，将炒好的食材盛入盘中即可。

No.40

腊肉原味笋尖

◎ 开胃健脾 ◎

原料：

腊肉100克，干笋尖200克，姜末、蒜末、韭菜各若干，红椒10克，花椒粒若干

调料：

盐3克，鸡粉2克，食用油适量

做法：

❶ 干笋尖用温水泡一晚上，入沸水中加热煮15分钟，至笋尖变软后切丝备用；腊肉切片备用；红椒切圈。

❷ 锅中放油，爆香花椒粒和姜、蒜末、韭菜，倒入腊肉片炒至香味，加入笋尖同炒，加入盐、鸡粉，炒均匀即可出锅。

No.41

腊味腰豆

◎ **补气益血** ◎

原料：
红腰豆300克，腊肉100克，
朝天椒2个，青椒20克，鸡蛋
清适量，蒜片适量

调料：
淀粉适量，盐2克，鸡粉2克，
食用油适量

做法：

❶ 将腊肉切成丁；青椒切圈。

❷ 往鸡蛋清中倒入适量淀粉，将红腰豆倒入其中拌匀，使红腰豆充分裹上淀粉。

❸ 热锅注油，倒入红腰豆油炸至表面金黄色，捞出待用。

❹ 锅内留油，放入蒜片爆香，倒入腊肉丁翻炒至微微透明，倒入朝天椒、青椒翻
炒均匀，放入盐、鸡粉，炒匀。

❺ 关火，将炒好的食材盛入碗中即可。

No.42

酱香鸭舌

◎ 开胃 ◎

原料：

鸭舌500克，大蒜2颗，生姜若干，花椒粒5克，香叶2片，小米椒4个，八角2个，桂皮2片，干辣椒4个

调料：

冰糖5克，料酒10毫升，老抽50毫升，生抽100毫升，花椒油少许，啤酒100毫升，食用油适量

做法：

❶ 将鸭舌清洗，去除舌苔喉管。

❷ 烧水，锅中加入花椒粒、料酒，水开后放入鸭舌，煮5分钟捞出，换水再焯5分钟，捞出沥水。

❸ 将配料处理好备用。

❹ 姜去皮，切小块，加入50毫升凉开水榨汁备用。

❺ 锅中加入少许油，放入配料煸炒，倒入鸭舌翻炒，加入料酒、生抽、老抽，倒入啤酒，盖上盖子，大火煮开后，倒入姜汁，转小火20分钟后关火。

❻ 将鸭舌彻底放凉后，放入冰箱冷藏一夜，使其充分入味。

❼ 鸭舌从冰箱取出，大火烧开收汁，搅拌，关火。

❽ 将鸭舌放入盘中即可。

No.43

青豆鸽胺

◎ 美容养颜、增强免疫力 ◎

原料：
鸽胺100克，青豆200克，朝天椒5
个，姜片10克

调料：
盐4克，料酒20毫升，水淀粉、食用
油各适量

做法：

❶ 青豆洗净；朝天椒切圈。

❷ 把青豆放入沸水锅中，加少许盐，煮约5分钟，捞出沥干水分；放入鸽
胺，加料酒，煮约10分钟，捞出切片。

❸ 起油锅，放入姜片爆香，倒入鸽胺，炒匀，淋入料酒炒香。

❹ 倒入青豆，翻炒均匀，放入朝天椒，炒匀。

❺ 加盐、水淀粉，炒匀勾芡，盛出即可。

No.44

西蓝花炒虾仁

◎ 防癌、补钙 ◎

做法：

① 西蓝花切小朵。

② 虾仁去掉虾线。

③ 热锅注油，倒入蒜末爆香。

④ 倒入虾仁炒至转色。

⑤ 倒入西蓝花炒匀。

⑥ 加入盐、鸡粉、生抽炒匀入味。

⑦ 加入适量清水煮沸后，用水淀粉勾芡。

⑧ 将炒好的食材盛入盘中即可。

原料：
西蓝花90克，虾仁100克，蒜末适量
调料：
盐2克，鸡粉2克，水淀粉、食用油、生抽各适量

No.45

海带虾仁炒鸡蛋

◎ 补钙、预防高血压 ◎

原料：
海带85克，虾仁75克，鸡蛋3个，葱段少许

调料：
盐3克，鸡粉4克，料酒12毫升，生抽4毫升，水淀粉、芝麻油、食用油各适量

做法：

❶ 洗好的海带切成小块；处理好的虾仁切开背部，去除虾线，装入碗中，放入少许料酒、盐、鸡粉，拌匀，加入适量水淀粉拌匀，淋入芝麻油拌匀，腌制10分钟。

❷ 鸡蛋打入碗中，放入少许盐、鸡粉，用筷子打散、搅匀，用油起锅，倒入蛋液，翻炒至蛋液凝固，将炒好的鸡蛋盛出，装小碗备用。

❸ 锅中注入适量清水烧开，倒入海带，煮半分钟捞出，沥水备用。

❹ 用油起锅，倒入虾仁，快速翻炒至变色，加入焯过水的海带炒匀，淋料酒、生抽，加鸡粉炒匀调味，倒入炒好的鸡蛋翻炒，加入葱段，继续翻炒，关火后盛出装盘即可。

No.46

干锅虾

◎ **增强免疫力，延缓衰老** ◎

原料：

基围虾500克，姜片20克，芹菜叶少许

调料：

盐3克，生抽20毫升，辣椒油20毫升，料酒15毫升、食用油适量

做法：

① 基围虾洗净开背，去掉虾线，放盐、姜片、料酒拌匀腌制15分钟。

② 锅中加适量食用油，烧至5成热，放入基围虾，拌匀炸至转色熟透。

③ 锅留底油，放入姜片爆香，倒入基围虾，加生抽、辣椒油炒匀。

④ 盛出装入干锅里，放上芹菜叶点缀即可。

No.47

宫保大明虾

◎ **补肾壮阳、滋阴健胃** ◎

原料：
大明虾150克，菠萝肉100克，干辣椒10克，大葱10克，蛋清1个

调料：
盐4克，淀粉8克，生抽、酱油各6毫升，白糖6克，料酒、米醋各3毫升，食用油适量

做法：

❶ 虾洗净去头部，挑去虾线，用蛋清、盐、淀粉腌拌均匀。

❷ 菠萝肉切小块；干辣椒洗净切段；大葱洗净切小段。

❸ 在锅中倒入少许油，把干辣椒、大葱爆香，下入虾翻炒。

❹ 加入菠萝肉，翻炒均匀。

❺ 将生抽、酱油、白糖、米醋、淀粉、料酒调成芡汁，倒入锅内迅速翻炒，加盐炒匀即可。

No.48

白灼基围虾

◎ **养胃健脾、补血益气** ◎

做法:

❶ 将鲜虾洗净。

❷ 姜块洗净后, 捣烂挤出汁, 调入香醋、生抽制成味汁。

❸ 锅中加入适量水, 加入盐、葱段、花椒烧开, 加入白酒。

❹ 将虾倒入锅中, 轻轻搅动, 煮至虾完全变色。

❺ 捞出虾, 控去水分后装盘, 跟味汁一起上桌。

原料:
基围虾500克, 姜块、葱段各10克, 花椒少许

调料:
香醋3毫升, 生抽2毫升, 盐2克, 白酒3毫升

No.49

椒盐基围虾

◎ 补肾壮阳、抗早衰 ◎

原料：
基围虾500克，红椒、青椒、
洋葱、生姜各少许
调料：
味椒盐5克，料酒10毫升，生
抽5毫升，生粉20克，食用油
适量

做法：

❶ 红椒、青椒、洋葱洗净后分别切成小粒；生姜切成姜末。

❷ 基围虾处理干净，开背去除虾线，加生抽、料酒、姜末、生粉拌匀，腌制10分钟。

❸ 锅中加适量食用油，烧至五成热，放入基围虾，炸至转色捞出。

❹ 锅留底油，放入红椒、青椒、洋葱、味椒盐，加入基围虾翻炒匀。

❺ 盛出装入盘中即可。

No.50

糊辣脆虾

◎ **增强免疫力** ◎

原料:
水发木耳60克,鲜虾300克,灯笼椒20克,蒜末、白芝麻、葱段各若干

调料:
盐2克,鸡粉2克,食用油、料酒各适量,水淀粉适量

做法:

❶ 鲜虾去虾线;灯笼椒切两段;木耳切两段。

❷ 热锅注油,倒入蒜末、葱段爆香,倒入虾仁,淋入料酒略炒,倒入木耳,继续翻炒,放入灯笼椒翻炒,放入盐、鸡粉,炒匀,加少许水淀粉勾芡。

❸ 关火,盛入盘内,撒上白芝麻即成。

No.51

绿豆芽炒鳝丝

◎ **降血糖、降血脂** ◎

原料：

绿豆芽40克，鳝鱼90克，青椒、红椒各30克，姜片、蒜末、葱段各少

调料：

盐3克，鸡粉3克，料酒6毫升，水淀粉、食用油各适量

做法：

❶ 洗净的红椒切开，去籽，切丝；洗好的青椒切丝；将处理干净的鳝鱼切丝，装入碗中，放入少许鸡粉、盐、料酒、水淀粉，抓匀，再注入适量食用油，腌制10分钟至入味。

❷ 用油起锅，放入姜片、蒜末、葱段，爆香，放入青椒、红椒，拌炒匀，倒入鳝鱼丝，翻炒匀，淋入适量料酒，炒香，放入洗好的绿豆芽，加入适量盐、鸡粉，炒匀调味，倒入适量水淀粉。

❸ 将锅中食材快速炒匀，盛出，装入盘中即可。

No.52

XO 酱爆辽参

◎ **补肾益精、滋阴养血** ◎

原料：
干海参5只，青椒50克，姜末
适量

调料：
盐2克，XO酱20克，蚝油10毫
升，料酒10毫升、食用油适量

做法：

❶ 海参提前一晚上泡发好，洗净，切条；青椒切圈。

❷ 起油锅，倒入姜末、XO酱爆香，倒入海参，淋入料酒，炒香。

❸ 倒入青椒，炒匀，放盐、蚝油，炒匀调味。

❹ 盛出装盘即可。

No.53

冷吃鱼

◎ 开胃、增强体质 ◎

原料：
草鱼600克，淀粉100克，小葱、姜片各适量，干辣椒20克，花椒20克，白芝麻适量

调料：
料酒10毫升，盐4克，鸡精3克，食用油适量

做法：

❶ 草鱼宰杀清洗干净，去头尾，顺鱼背劈成两半，切块，将切好的鱼块用盐、料酒、小葱、姜片腌制30分钟入味。

❷ 起油锅，油温升至6成时，将鱼块表面裹一层干淀粉，将鱼块放入油锅中，油炸至金黄色，捞出炸好的鱼块待用。

❸ 热锅留油，倒入炸好的鱼、干辣椒、花椒翻炒，加入适量鸡粉、盐、白芝麻翻炒入味。

❹ 关火后，将炒好的鱼块放入盘中，待冷却后食用味道更好。

No.54

干锅鱿鱼须

◎ 滋阴养胃、补虚润肤 ◎

原料：
鱿鱼须500克，红椒1个，青椒
1个，洋葱1个，姜片20克

调料：
盐2克，生抽20毫升，料酒30毫
升，老抽5毫升，辣椒粉15克，
食用油适量

做法：

❶ 鱿鱼须处理干净，分切成块；红椒、青椒洗净，切成小块；洋葱洗净
切小块。

❷ 把鱿鱼须放入开水锅中，加少许料酒，拌匀煮开，余烫至转色捞出。

❸ 起油锅，放入姜片爆香，倒入鱿鱼须，淋入料酒炒香。

❹ 放入红椒、青椒炒匀，加盐、生抽、老抽、辣椒粉炒匀。

❺ 盛出装盘即可。

No.55

洞庭片片田螺

◎ 滋阴、补肾、明目 ◎

原料：
田螺肉200克，泡椒30克，青椒30克，红椒30克，大蒜30克，姜片20克

调料：
盐3克，料酒15毫升，生抽20毫升，食用油适量

做法：

❶ 田螺肉清洗干净；泡椒、青椒、红椒清洗干净，分别切碎；大蒜切碎。

❷ 起油锅，放入姜片、泡椒、青椒、红椒，爆香。

❸ 放入田螺肉，翻炒，淋入料酒、生抽，翻炒至熟。

❹ 放盐炒匀调味，盛出装盘即可。

No.56

美味跳跳蛙

◎ **养心安神、延缓衰老** ◎

原料：
牛蛙500克，朝天椒30克，姜片
30克

调料：
盐4克，生抽30毫升，料酒20毫
升，辣椒油20毫升，水淀粉、食
用油各适量

做法：

① 将宰杀好的牛蛙切成小块，用少许盐、料酒、姜片，拌匀腌制20分钟。

② 起油锅，放入姜片爆香，放入牛蛙翻炒至转色。

③ 淋入料酒、生抽、辣椒油，炒香，加入朝天椒，炒匀。

④ 加水淀粉，炒匀勾芡，盛出装入盘内，放上薄荷叶点缀即可。

No.57

辣炒花甲

◉ 滋阴明目、软坚、化痰 ◉

做法:

❶ 芹菜洗净切段;洋葱洗净切丝;朝天椒切圈。

❷ 把花甲放入沸水锅中,加盐、少许料酒拌匀,煮沸,使花甲开壳去沙和杂质,将花甲捞出,冲洗干净。

❸ 起油锅,放入姜片、豆瓣酱爆香,放入花甲,淋入料酒炒香。

❹ 放入芹菜、洋葱、朝天椒,炒至熟软。

❺ 盛出装盘即可。

原料：
花甲500克，芹菜80克，洋葱
80克，朝天椒3个，姜片20克
调料：
盐2克，豆瓣酱20克，料酒20
毫升，食用油适量

No.58

韭黄炒牡蛎

◎ **补肾壮阳** ◎

原料：
牡蛎肉400克，韭黄200克，彩椒50克，姜片、蒜末、葱花各少许

调料：
生粉15克，生抽8毫升，鸡粉、盐、料酒、食用油各适量

做法：

❶ 洗净的韭黄切段；洗好的彩椒切条，装入盘中，备用。

❷ 把洗净的牡蛎肉装入碗中，加入适量料酒、鸡粉、盐，拌匀，放入生粉，搅拌均匀；放入沸水锅汆煮，捞出沥干水分，待用。

❸ 热锅注油烧热，放入姜片、蒜末、葱花，爆香，倒入汆过水的牡蛎，翻炒均匀，淋入生抽，炒匀，再倒入适量料酒，炒匀提味。

❹ 放入彩椒，翻炒匀，倒入韭黄段，翻炒均匀，加入少许鸡粉、盐，炒匀调味。

❺ 关火后盛出炒好的菜肴即可。

No.59

菠萝炒鱼片

◉ **解暑止渴、消食止泻** ◉

做法:

❶ 将菠萝肉切开，去除硬芯，再切成片；洗净的红椒切开，去籽，再切成小块；把草鱼肉切成片，将鱼片放入碗中，加入少许盐、鸡粉，淋入少许水淀粉，拌匀，再注入适量食用油，腌制约10分钟至入味。

❷ 热锅注油，烧至五成热，放入腌好的鱼片，拌匀，滑油至断生，捞出，沥干油，待用。

❸ 用油起锅，放入姜片、蒜末、葱段，用大火爆香，倒入红椒块，再放入切好的菠萝肉，快速炒匀，倒入鱼片，加入盐、鸡粉，放入豆瓣酱，淋入少许料酒，倒入适量水淀粉，用中火翻炒至食材入味。

❹ 关火后盛出炒好的菜肴即可。

原料：
菠萝肉75克，草鱼肉150克，红椒25克，姜片、蒜末、葱段各少许

调料：
豆瓣酱7克，盐、鸡粉各2克，料酒4毫升，水淀粉、食用油各适量

No.60

芦笋腰果炒墨鱼

◎ 提高免疫力 ◎

原料：
芦笋80克，腰果30克，墨鱼
100克，彩椒50克，姜片、蒜
末、葱段各少许

调料：
盐4克，鸡粉3克，料酒8毫
升，水淀粉、食用油各适量

做法：

❶ 洗净去皮的芦笋切成段；洗好的彩椒切成条，改切成小块；处理干净的墨鱼切成片，把墨鱼片装入碗中，加入少许盐、鸡粉，淋入适量料酒，倒入适量水淀粉，拌匀，腌制10分钟。

❷ 锅中注入适量清水烧开，加入适量盐，放入洗净的腰果，煮1分钟，捞出沥干水分，待用。

❸ 沸水锅中倒入少许食用油，放入切好的彩椒、芦笋，煮半分钟，捞出备用，再把腌制好的墨鱼倒入沸水锅中，氽烫片刻，把氽煮好的墨鱼捞出，备用。

❹ 热锅注油，烧至四成热，倒入腰果，用小火炸出香味，至其呈微黄色，捞出沥油备用。

❺ 锅底留油，放入姜片、蒜末、葱段，爆香，倒入氽过水的墨鱼，炒匀，淋入适量料酒，炒匀提鲜，放入焯煮好的彩椒和芦笋炒匀，加入适量鸡粉、盐，炒匀调味，倒入适量水淀粉，快速翻炒均匀，关火后盛出炒好的食材，装入盘中，撒上腰果即可。

No.61

银耳枸杞炒鸡蛋

◎ 滋阴润肤 ◎

原料:
水发银耳100克,鸡蛋3
个,枸杞10克,葱花少许

调料:
盐3克,鸡粉2克,水淀
粉、食用油各适量

做法:

❶ 洗好的银耳切去黄色根部,切小块;鸡蛋打入碗中,加入少许盐、
鸡粉,淋入适量水淀粉,用筷子打散调匀。

❷ 锅中注入适量清水烧开,加入切好的银耳,放入少许盐,拌匀,煮
半分钟至其断生,把焯煮好的银耳捞出,沥干水分,待用。

❸ 用油起锅,倒入蛋液,炒至熟,把炒好的鸡蛋盛出,装入碗中,备
用,锅底留油,倒入焯过水的银耳,放入鸡蛋,放入洗净的枸杞,加入
葱花,翻炒匀,加入盐、鸡粉,炒匀调味,淋入适量水淀粉,快速翻炒
均匀,关火后盛出炒好的食材即可。

No.62

苦瓜炒鸡蛋

◎ **增强免疫力** ◎

原料：

苦瓜350克，鸡蛋1个，蒜末适量

调料：

盐2克，鸡粉2克，生抽5毫升，
水淀粉、食用油各适量

做法：

❶ 苦瓜洗净，切片；鸡蛋打入碗内，加少许盐打散。

❷ 用油起锅，倒入蛋液拌匀。

❸ 鸡蛋炒熟盛出。

❹ 热锅注油，倒入蒜末爆香。

❺ 倒入鸡蛋炒散。

❻ 倒入苦瓜炒散，加入盐、鸡粉、生抽炒匀入味。

❼ 稍微用水淀粉勾芡后将食材盛入盘中即可。

No.63

口蘑炒火腿

◎ **调节甲状腺，提高免疫力** ◎

原料：
口蘑100克，火腿肠180克，青椒25克，姜片、蒜末、葱段各少许

调料：
盐2克，鸡粉2克，生抽、料酒、水淀粉、食用油各适量

做法：

❶ 将洗净的口蘑切成片；洗好的青椒对半切开，去籽，切成小块；火腿肠去除外包装，对半切开，再切成片。

❷ 锅中注入适量清水烧开，加入适量盐、食用油，放入口蘑、青椒，搅匀，煮约半分钟至断生，将焯好的材料捞出，沥干水分，装入盘中待用。

❸ 热锅注油，烧至四成热，倒入火腿肠，炸约半分钟，捞出，装盘备用，锅底留油，放入姜片、蒜末、葱段，爆香，倒入焯好的口蘑和青椒，略炒，放入火腿肠，拌炒匀，加入适量料酒、生抽、盐、鸡粉，炒匀调味，倒入适量水淀粉，将锅中食材快速翻炒均匀，盛出即可食用。

No.64

鸡蛋炒百合

◎ 养阴润肺、清心安神 ◎

原料:
鲜百合140克, 胡萝卜25克,
鸡蛋2个, 葱花少许

调料:
盐、鸡粉各2克, 白糖3克, 食
用油适量

做法:

❶ 洗净去皮的胡萝卜切厚片, 再切条形, 改切成片; 鸡蛋
打入碗中, 加入盐、鸡粉, 拌匀, 制成蛋液, 备用。

❷ 锅中注入适量清水烧开, 倒入胡萝卜, 拌匀, 放入洗好
的百合, 拌匀, 加入少许白糖, 煮至食材断生, 捞出焯煮
好的材料, 沥干水分, 待用。

❸ 用油起锅, 倒入蛋液, 炒匀, 放入焯过水的材料, 炒
匀, 撒上葱花, 炒出葱香味, 关火后盛出炒好的菜肴即可。

No.65

西红柿炒蛋

◎ **补充蛋白质、补充维生素 C** ◎

原料:
西红柿130克,鸡蛋1个,
大蒜10克

调料:
食用油适量,盐3克

做法:

❶ 大蒜切片;洗净的西红柿去蒂,切成滚刀块;鸡蛋打入碗内,打散。

❷ 热锅注油烧热,倒入鸡蛋液,炒熟盛入盘中待用。

❸ 锅底留油,倒入蒜片爆香,倒入西红柿块、炒出汁,倒入鸡蛋块炒匀,加盐,迅速翻炒入味,关火后,将炒好的食材盛入盘中即可。

No.66

青椒炒鸽子蛋

◎ **增强免疫力** ◎

原料：
青椒100克，红椒50克，煎好的鸽子蛋5个，蒜末适量

调料：
蚝油4毫升，盐3克，鸡粉2克，陈醋5毫升，水淀粉、食用油各适量

做法：

❶ 青椒、红椒切段。

❷ 热锅注油，烧至五成热，放入洗净的青椒，搅拌匀，转小火炸约半分钟，至其呈虎皮状，关火后捞出沥干油，待用。

❸ 用油起锅，倒入蒜末，炒出香味，注入适量清水，放入少许蚝油、盐、鸡粉、陈醋，拌匀调味，转中火略煮，待汤汁沸腾，倒入少许水淀粉，快速搅拌匀，至汁水收浓，再倒入炸过的青椒、鸽子蛋翻炒匀，焖煮约1分钟，至其熟软入味。

❹ 关火盛盘即可。

No.67

山药木耳炒核桃仁

◉ **降血压、健脾胃** ◉

做法：

❶ 洗净去皮的山药切块，再切成片；洗好的木耳切成小块；洗净的彩椒切条，再切小块；洗好的西芹切成小块。

❷ 锅中注入适量清水烧开，加入少许盐、食用油，倒入山药，搅散，煮半分钟，加入切好的木耳、西芹、彩椒，再煮半分钟，将锅中食材捞出，沥水备用。

❸ 用油起锅，倒入核桃仁，炸出香味，捞出放入盘中，与白芝麻拌均匀，锅底留油，放入适量白糖，倒入核桃仁，翻炒均匀，把锅中食材盛出，装碗，撒上白芝麻拌匀。

❹ 热锅注油，倒入焯过水的食材翻炒，加入适量盐、生抽、白糖，炒匀调味，淋入少许水淀粉，快速翻炒匀，盛出即可。

原料:
山药90克,水发木耳40克,西芹50克,彩椒60克,核桃仁30克,白芝麻少许
调料:
盐3克,白糖10克,生抽3毫升,水淀粉、食用油各适量

No.68

干锅酸菜土豆片

◎ **降血压、降血脂** ◎

原料：
土豆500克，瘦肉300克，酸菜100克，朝天椒2颗，姜片20克，葱花、葱段各少许

调料：
盐2克，生抽20毫升，料酒15毫升，生粉10克，食用油适量

做法：

❶ 土豆去皮洗净切片；瘦肉洗净切片；朝天椒洗净切圈。

❷ 瘦肉加少许料酒、生抽、生粉拌匀，腌制10分钟。

❸ 起油锅，放入姜片炒香，加入瘦肉炒至变色，淋入料酒、生抽炒匀。

❹ 加入土豆片、酸菜、朝天椒，炒至熟软，放盐炒匀调味。

❺ 盛出装入干锅里，撒上葱花、葱段即可。

No.69

橄榄菜四季豆

◎ **益心脏、美容养颜、抑癌抗瘤** ◎

做法：

❶ 四季豆洗净，切成粒；瘦肉洗净，切成粒，加生抽、料酒、生粉拌匀，腌制5分钟。

❷ 锅中加水烧开，将四季豆倒入锅中，加盐拌匀，煮约2分钟捞出。

❸ 起油锅，放入肉粒炒至转色。放入榄菜炒香，加入四季豆炒匀。

❹ 盛出装盘即可。

原料：
四季豆400克，瘦肉100克，橄榄菜50克
调料：
盐2克，生抽、料酒、生粉、食用油各适量

No.70

宫保杏鲍菇

◎ 祛脂降压、增强免疫力 ◎

原料：
杏鲍菇150克，花生米60克，葱10克，姜5克，干辣椒5克，花椒适量

调料：
醋3毫升，酱油2毫升，白糖2克，水淀粉适量，盐3克，绍酒、食用油各适量

做法：

❶ 葱洗净切小段；姜洗净切末；干辣椒洗净切段。

❷ 杏鲍菇洗净，切丁，入开水锅中焯水，捞出待用。

❸ 将酱油、绍酒、白糖、盐、水淀粉、醋拌匀，调好芡汁。

❹ 热锅温油，放入花椒煸香，放入葱段、姜末、干辣椒。

❺ 放入焯好的杏鲍菇丁，煸炒2分钟，倒入调好的芡汁，倒入炸好的花生米，收汁即可出锅。

No.71

干锅有机花菜

◎ **美容养颜、增强免疫力** ◎

原料：
五花肉250克，花菜500
克，大蒜1包，朝天辣椒3
个，葱段少许

调料：
盐3克，高汤50毫升，食用
油适量

做法：

❶ 五花肉洗净切片；花菜洗净，切小块；朝天椒洗净切圈；大蒜瓣开去皮。

❷ 锅中加水烧开，倒入花菜拌匀，煮约2分钟捞出。

❸ 起油锅，放入大蒜、朝天椒，炒香，加入五花肉炒熟。

❹ 倒入花菜，炒匀；淋入高汤，炒匀。

❺ 加盐调味，盛出装入干锅，撒上葱段即可。

No.72

干锅茶树菇

◎ 补钙、强筋健骨 ◎

做法：

❶ 茶树菇洗净，撕成条；芹菜洗净，切段；青椒洗净，切块。

❷ 起油锅，放入干辣椒、茶树菇，炒干。

❸ 放入芹菜、青椒，炒匀。

❹ 放盐、蚝油，炒匀调味。

❺ 盛出装入干锅，撒上白芝麻即可。

原料：

水发茶树菇500克，芹菜100克，青椒1个，干辣椒段、白芝麻少许

调料：

盐3克，蚝油10毫升，食用油适量

No.73

干锅千页豆腐

◎ 补虚强身、滋阴润燥 ◎

原料：
千叶豆腐300克，瘦肉200克，红椒、青椒各30克

调料：
盐3克，生抽5毫升，料酒5毫升，生粉10克，食用油适量

做法：

❶ 瘦肉洗净，切成肉末，加生抽、料酒、生粉拌匀，腌制10分钟。

❷ 起油锅，放入肉末炒匀，炒至转色。

❸ 放入千叶豆腐，炒匀，炒香；加红椒、青椒炒匀。

❹ 放盐炒匀调味，盛出装入干锅里即可。

No.74

干锅娃娃菜

◎ **养胃生津、除烦解渴** ◎

原料：
娃娃菜500克，肥肉50克，朝天椒3个，豆豉少许
调料：
盐3克

做法：

❶ 娃娃菜掰开，洗净；朝天椒切圈。

❷ 肥肉切片，放入锅中炒出油，炒至焦黄色，放入豆豉炒香。

❸ 放入豆豉、朝天椒，炒香；加入娃娃菜，炒至熟软。

❹ 放盐炒匀调味，盛出装入干锅里即可。

No.**75**

花仁菠菜

◎ 补血 ◎

原料：
菠菜270克，花生仁30克
调料：
鸡粉2克，盐3克，食用油
20毫升

做法：

① 洗净的菠菜切三段。

② 锅中倒入适量的油，放入花生仁，用小火翻炒至香味飘出。

③ 关火后盛出炒好的花生，装碟待用。

④ 锅留底油，倒入切好的菠菜，用大火翻炒2分钟至熟。

⑤ 加入盐、鸡粉，炒匀。

⑥ 关火后盛出炒好的菠菜，装盘待用。

No.76

回锅厚皮菜

◉ **开胃爽口** ◉

原料：
厚皮菜200克，泡姜10克，蒜末适量
调料：
盐2克，鸡粉2克，豆瓣酱5克，陈醋3毫升，白糖1克，花椒油适量，食用油适量

做法：

❶ 厚皮菜茎切成3~4厘米的段。

❷ 泡姜切块。

❸ 锅内注水烧开，倒入厚皮菜煮至断生，捞出。

❹ 热锅注油，倒入切好的泡姜、蒜翻炒。

❺ 倒入厚皮菜，加入豆瓣酱炒香。

❻ 加入盐、鸡粉翻炒，同时加入陈醋、白糖、花椒油。

❼ 关火后，将炒好的菜盛入盘中即可。

No.77

清炒苦瓜

◎ **增强免疫力** ◎

做法：

❶ 将已洗净的苦瓜去除瓤，切成大小适中的苦瓜片。

❷ 青椒切块。

❸ 锅中加清水，烧开，倒入苦瓜和青椒煮至断生。

❹ 将食材捞出待用。

❺ 热锅注油，倒入苦瓜、青椒，炒匀。

❻ 加入盐、鸡粉炒匀。

❼ 关火，将炒好的食材盛入盘中即可。

原料：
苦瓜300克，青椒60克
调料：
盐3克，鸡粉3克，食用油适量

No.78

胡萝卜炒木耳

◎ **健脾和胃、下气化滞、降压利尿** ◎

原料:

胡萝卜100克,水发木耳70克,葱段、蒜末各少许

调料:

盐3克,鸡粉4克,蚝油10毫升,料酒5毫升,水淀粉、食用油各适量

做法：

❶ 将洗净的木耳切小块；洗净去皮的胡萝卜切片；锅中注入适量清水烧开，加入少许盐、鸡粉，倒入切好的木耳，淋入少许食用油，拌匀略煮，再放入胡萝卜片拌匀，煮约半分钟，至其断生，捞出焯煮好的食材，沥水待用。

❷ 用油起锅，放入蒜末，爆香，倒入焯过水的木耳和胡萝卜，快速炒匀，淋入少许料酒，炒匀提味，放入适量蚝油，翻炒至食材八成熟，加入少许盐、鸡粉，炒匀调味，倒入适量水淀粉勾芡，撒上葱段，用中火翻炒至食材熟透即可。

No.79

秋葵炒蛋

◎ 补钙、健胃、助消化、增强体力 ◎

原料：
秋葵180克，鸡蛋2个，葱花
少许

调料：
盐少许，鸡粉2克，水淀粉、
食用油各适量

做法：

❶ 将洗净的秋葵对半切开，切成块；鸡蛋打入碗中，打散调匀，放入少许
盐、鸡粉，倒入适量水淀粉，搅拌匀。

❷ 用油起锅，倒入切好的秋葵，炒匀，撒入少许葱花，炒香，倒入鸡蛋
液，翻炒至熟。

❸ 将炒好的秋葵鸡蛋盛出，装盘即可。

No.80

辣白菜

◎ **护肤养颜** ◎

原料：
白菜200克，剁辣椒20克，蒜末适量
调料：
盐2克，鸡粉2克，料酒10毫升，食用油适量

做法：

❶ 将洗好的大白菜对半切开，再分别将菜梗和菜叶切成小片。

❷ 锅中注油，油热后放入蒜末。

❸ 倒入剁辣椒炒香。

❹ 倒入白菜，翻炒片刻至白菜变软。

❺ 加入适量盐、鸡粉炒匀调味，倒入少许料酒拌炒至大白菜熟透。

❻ 将炒好的大白菜盛入盘中即成。

No.81

西葫芦炒木耳

◎ **调节血糖、提高机体免疫力** ◎

做法:

❶ 将洗净的木耳切小块;西葫芦洗净切片。

❷ 锅中注入适量清水烧开,加入木耳煮约半分钟,至其断生,捞出沥水待用。

❸ 用油起锅,放入红椒、蒜末爆香,放木耳和西葫芦,快速炒匀,淋入少许料酒炒匀提味,加入少许盐、蚝油炒匀调味,用中火翻炒至食材熟透即可。

原料：
西葫芦100克，水发木耳70克，红椒、蒜末各少许
调料：
盐3克，蚝油10毫升，料酒5毫升，食用油适量

No.82

松仁炒韭菜

◉ 生津止渴、润肺、补肾壮阳 ◉

原料：
韭菜120克，松仁80克，胡萝卜45克

调料：
盐、鸡粉各2克，食用油适量

做法：

❶ 将洗净的韭菜切段；洗好去皮的胡萝卜切片，再切成条形，改切成颗粒状小丁。

❷ 锅中注入适量清水烧开，加入少许盐，倒入胡萝卜丁，搅匀，煮至其断生后捞出，沥干水分，待用。

❸ 炒锅中注入适量食用油，烧至三成热，倒入松仁略炸至熟透后捞出，沥干油，待用。

❹ 锅底留油烧热，倒入焯过水的胡萝卜丁，再放入切好的韭菜，加入少许盐、鸡粉，炒匀调味，倒入松仁，快速翻炒至食材熟透入味，关火后盛出炒好的食材，装入盘中即成。

No.83

丝瓜炒山药

◎ 健脾胃、助消化 ◎

原料：
丝瓜120克，山药100克，枸杞10克，蒜末、葱段各少许

调料：
盐3克，鸡粉2克，水淀粉、食用油各适量

做法：

❶ 将洗净的丝瓜对半切开，切成条形，再切成小块；洗好去皮的山药切段，再切成片。

❷ 锅中注水烧开，加入少许食用油、盐，倒入山药片搅匀，撒上洗净的枸杞，略煮片刻，再倒入切好的丝瓜，搅拌匀，煮约半分钟至食材断生后捞出，沥水待用。

❸ 用油起锅，放入蒜末、葱段，爆香，倒入焯过水的食材翻炒匀，加入少许鸡粉、盐，炒匀调味，淋入适量水淀粉，快速炒匀至食材熟透，关火后盛出炒好的食材，装入盘中即成。

No.84

芹菜炒黄豆

◎ **健脾益气、降血压** ◎

原料:
熟黄豆220克,芹菜梗80克,
胡萝卜30克

调料:
盐3克,食用油适量

做法:

❶ 将洗净的芹菜梗切小段;洗净去皮的胡萝卜切丁。

❷ 锅中注水烧开,加盐,倒入胡萝卜丁搅拌,煮1分钟至其断生
后捞出,沥水,待用。

❸ 用油起锅,倒入芹菜炒匀至变软,再倒入胡萝卜丁、熟黄豆快
速翻炒,加入适量盐,炒匀调味,关火后盛出装盘即成。

No.85

莴笋炒百合

◉ **养心安神、润肺止咳** ◉

原料：
莴笋150克，洋葱80克，百合60克

调料：
盐3克，鸡粉、水淀粉、芝麻油、食用油各适量

做法：

❶ 将去皮洗净的洋葱切成小块；洗好去皮的莴笋切开，用斜刀切成小段，再切成片。

❷ 锅中注入适量清水烧开，加入少许盐、食用油，倒入莴笋片拌匀略煮，放入洗净的百合，再煮半分钟至食材断生后捞出，沥水待用。

❸ 用油起锅，放入洋葱块，用大火炒出香味，再倒入焯过水的莴笋片和百合炒匀，加入少许盐、鸡粉，炒匀调味，倒入适量水淀粉勾芡，淋入少许芝麻油快速翻炒至食材熟软入味，关火后将炒好的食材盛入盘中，摆好即成。

No.86

鸡胸肉马蹄炒饭

◎ **开胃消食** ◎

做法：

❶ 隔夜米饭捣散；马蹄去皮切片；西蓝花切小朵；胡萝卜切小丁；鸡胸肉切片，加酱油、水淀粉抓匀腌15分钟。

❷ 热锅加少许油烧热，蒜末爆香，放鸡胸肉翻炒至变色，放胡萝卜、西蓝花、马蹄翻炒。

❸ 放入米饭炒散，加盐、酱油、鸡粉，翻炒均匀，撒葱花翻炒均匀即可。

原料：
隔夜米饭100克，鸡胸肉50克，马蹄50克，西蓝花50克，胡萝卜30克，葱花、蒜末各适量

调料：
盐、酱油、鸡粉、水淀粉、食用油各适量

No.87

松仁丝瓜

◎ **美容养颜、抗病毒、抗过敏** ◎

原料：
松仁20克，丝瓜块90克，胡萝卜片30克，姜末、蒜末各少许

调料：
盐3克，鸡粉2克，水淀粉适量，食用油5毫升

做法：

❶ 砂锅中注入适量清水烧开，加入食用油，倒入洗净的胡萝卜片，焯煮半分钟，放入洗好的丝瓜块，焯片刻至断生，将焯煮好的胡萝卜、丝瓜捞出来，沥干水分，装入盘中备用。

❷ 用油起锅，倒入松仁，滑油翻炒片刻，关火，将松仁捞出来，沥干油，装入盘中待用。

❸ 锅底留油，放入姜末、蒜末，爆香，倒入胡萝卜片、丝瓜块，炒匀，加入盐、鸡粉，翻炒片刻至入味，倒入水淀粉，炒匀。

❹ 关火，将炒好的丝瓜盛出，装入盘中，撒上松仁即可。

No.88

鸡蛋松仁炒茼蒿

◎ 宽中理气、消食开胃、增进食欲 ◎

原料：
松仁30克，鸡蛋2个，茼蒿200
克，枸杞12克，葱花少许
调料：
盐2克，鸡粉2克，水淀粉、食
用油各适量

做法：

❶ 将鸡蛋打入碗中，加入少许盐、鸡粉，放入葱花，打散、调匀，备用；将洗净
的茼蒿切碎，备用。

❷ 热锅注油，烧至三成热，倒入松仁，炸出香味，捞出炸好的松仁，沥干油，待用。

❸ 锅底留油，倒入备好的蛋液，炒熟，盛出炒熟的鸡蛋，待用。

❹ 锅中加入少许食用油烧热，倒入切好的茼蒿，翻炒片刻，炒至熟软，加入少许
盐、鸡粉，炒匀调味，倒入炒好的鸡蛋，翻炒匀，放入洗净的枸杞，炒匀。

❺ 淋入适量水淀粉，快速翻炒均匀，关火后将锅中的食材盛出，装入盘中，撒上
松仁即可。

No.89

荷塘小炒

◎ **增强免疫力** ◎

原料:
百合40克,莲藕90克,胡萝卜40克,水发木耳30克,荷兰豆30克,蒜末适量

调料:
盐3克,鸡粉3克,食用油适量

做法:

❶ 莲藕切片;胡萝卜切片;木耳切块。

❷ 热锅注油,倒入蒜末爆香。

❸ 倒入莲藕、木耳、荷兰豆炒匀。

❹ 倒入百合炒匀。

❺ 加入盐,鸡粉炒匀入味。

❻ 关火后,将食材盛入盘中即可。

No.90

胡萝卜炒马蹄

◎ 除湿利尿 ◎

做法：

❶ 洗净的马蹄肉切成小块。

❷ 去皮洗好的胡萝卜切条，再切成小块，雕成花。

❸ 锅中加1000毫升清水烧开，加入盐。

❹ 倒入胡萝卜、马蹄，略煮至断生后捞出待用。

❺ 用油起锅，倒入姜片、蒜末、葱段爆香。

❻ 倒入胡萝卜、马蹄，拌炒匀。

❼ 加入蚝油、盐、鸡精。

❽ 拌炒约1分钟入味，加入少许水淀粉。

❾ 将食材盛出装盘即可。

原料：
去皮胡萝卜80克，去皮马蹄150克，葱段、蒜末、姜片各适量

调料：
蚝油5毫升、盐3克、鸡精3克，水淀粉、食用油各适量

No.91

玉米笋炒荷兰豆

◎ 增强免疫力 ◎

原料：
玉米笋80克，荷兰豆80克，去皮胡萝卜60克，蒜末适量
调料：
盐2克，鸡粉2克，食用油适量

做法：

① 洗净的玉米笋对半切开。

② 胡萝卜切片。

③ 热锅注油，倒入蒜末爆香。

④ 倒入玉米笋、荷兰豆炒匀至断生。

⑤ 倒入胡萝卜片，加入盐、鸡粉拌匀。

⑥ 关火后，将炒好的食材盛入盘中即可。

No.92

清炒小油菜

◉ **清热解毒** ◉

原料：
上海青100克，红椒30克，蒜末适量

调料：
盐2克，鸡粉3克，生抽、食用油各适量

做法:

❶ 红椒切块。

❷ 上海青拆成一片片。

❸ 热锅注油,倒入蒜末爆香。

❹ 倒入上海青炒至断生。

❺ 加入盐、鸡粉、生抽炒匀入味。

❻ 倒入红椒块。

❼ 关火后将食材盛入盘中即可。

No.93

丝瓜炒油条

◎ **美容养颜** ◎

原料:

丝瓜500克,油条70克,胡萝卜丝50克,姜片、蒜末、葱白各适量

调料:

盐3克,鸡粉3克,蚝油5毫升,水淀粉适量,食用油适量

做法:

❶ 将洗净的丝瓜去皮, 对半切开, 切成条, 再改切成块; 油条切段。

❷ 锅置旺火上, 注入适量食用油, 烧热后倒入姜片、蒜末、葱白、胡萝卜, 爆香。

❸ 倒入丝瓜炒匀, 加入少许清水, 翻炒片刻。

❹ 加入盐、鸡粉、蚝油。

❺ 快速拌炒匀。

❻ 倒入油条, 加少许清水炒1分钟至油条熟软。

❼ 加入水淀粉勾芡。

❽ 淋入少许熟油炒匀。

❾ 起锅, 盛出装盘即可。

No.94

茼蒿胡萝卜

◎ 消食开胃 ◎

原料：
茼蒿200克，去皮胡萝卜80克，蒜末适量

调料：
盐2克，鸡粉2克，生抽5毫升，食用油适量

做法：

❶ 茼蒿切成等长段。

❷ 胡萝卜切成丝。

❸ 热锅注油，倒入蒜末爆香。

❹ 倒入胡萝卜炒匀。

❺ 倒入茼蒿，加入盐、鸡粉、生抽炒匀入味。

❻ 将食材炒至断生后，将食材盛入盘中即可。

No.95

胡萝卜香葱炒面

◎ **开胃** ◎

原料:
手工面400克,胡萝卜40克,
白芝麻10克,蒜末适量,葱花
适量
调料:
盐3克,鸡粉3克,食用油适量

做法:

❶ 热锅注入少许食用油,烧热,倒入蒜末爆香。

❷ 倒入手工面炒散。

❸ 倒入胡萝卜炒匀,加入盐,鸡粉炒匀。

❹ 撒上白芝麻炒匀。

❺ 关火后,将炒面盛入盘中,撒上葱花即可。

No.96

虾仁炒面

◎ **增强免疫力** ◎

原料：
虾仁60克，河粉200克，红椒30克，葱花、蒜末各适量

调料：
盐2克，鸡粉2克，生抽5毫升，食用油适量

做法：

❶ 虾仁去掉虾线。

❷ 红椒切丝。

❸ 热锅注油，倒入蒜末爆香。

❹ 倒入虾仁炒匀。

❺ 倒入河粉、红椒丝炒匀。

❻ 加入盐、鸡粉、生抽炒匀。

❼ 撒上葱花炒匀后将食材盛入盘中即可。

No.97

虾仁炒细粉

◎ **增强免疫力** ◎

原料：
虾仁80克，鸡蛋1个，老豆腐80克，水发细粉200克，韭菜20克

调料：
盐2克，鸡粉2克，食用油适量

做法：

❶ 韭菜洗净切段；虾仁去虾线；老豆腐切块。

❷ 鸡蛋打入碗中，打散。

❸ 热锅注油，倒入鸡蛋液炒散。

❹ 倒入虾仁炒匀。

❺ 倒入细粉炒散。

❻ 倒入老豆腐、韭菜段炒匀。

❼ 加入盐、鸡粉炒匀入味。

❽ 关火后，将食材盛入盘中即可。

No.98

扬州炒饭

◎ 开胃 ◎

原料：
熟米饭300克，豌豆50克，火腿50克，鸡蛋1个，去皮胡萝卜50克，蒜末适量

调料：
盐3克，鸡粉3克，生抽5毫升，食用油适量

做法：

❶ 胡萝卜切丁。

❷ 将洗净的火腿切成片，切成细条，再切成粒。

❸ 鸡蛋打入碗中，搅散。

❹ 锅内注水烧开，倒入豌豆煮至断生后捞出待用。

❺ 热锅注油，倒入蒜末爆香。

❻ 倒入米饭炒散，倒入鸡蛋炒匀。

❼ 倒入火腿、豌豆、胡萝卜炒匀。

❽ 加入盐、鸡粉、生抽炒匀入味。

❾ 关火后，将炒好的米饭盛入碗中即可。

No.99

玉米鸡蛋炒饭

◉ 健胃、开胃 ◉

原料：
玉米粒80克，鸡蛋1个，米饭400克

调料：
盐3克，鸡粉3克，食用油适量

做法：

❶ 热锅注水，煮开后倒入玉米粒煮至断生。

❷ 捞出煮好的食材待用。

❸ 鸡蛋打入碗中，打散。

❹ 热锅注油，倒入米饭，拍松散，炒1分钟至米饭呈颗粒状。

❺ 倒入鸡蛋液炒匀。

❻ 倒入玉米粒，加入盐、鸡粉拌匀入味。

❼ 关火后，将炒好的米饭盛入碗中即可。

No.100

鸡肉炒饭

◎ **增强免疫力** ◎

原料：
鸡胸肉90克，米饭300克，豌豆60克，红椒20克，葱花适量

调料：
盐2克，鸡粉2克，食用油适量

做法：

❶ 鸡肉切块；红椒切块。

❷ 热锅注油，倒入鸡肉炒至变色，取出待用。

❸ 锅内注水烧开，倒入豌豆煮至断生，捞出待用。

❹ 热锅注油，倒入米饭炒散。

❺ 倒入鸡肉、豌豆炒匀。

❻ 加入盐、鸡粉炒匀入味。

❼ 倒入红椒炒匀，关火后，将炒好的米饭盛入碗中，撒上葱花即可。